生命篇
哇，科学有故事！

动物行为的故事

[韩] 黄宝妍 / 文　[韩] 朴载贤 / 绘　千太阳 / 译

人民东方出版传媒
People's Oriental Publishing & Media
东方出版社
The Oriental Press

目录

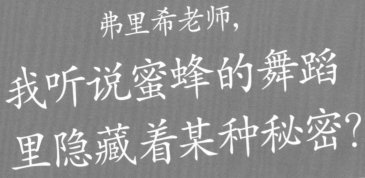

弗里希老师，

我听说蜜蜂的舞蹈里隐藏着某种秘密？

我突然产生了一个疑问，动物之间是不是也能像人一样进行沟通呢？于是，我就决定对蜜蜂的舞蹈进行研究。蜜蜂过着群居生活，肯定需要对话，我一定要搞清楚它们在说什么。

1923 年，德国动物学家卡尔·冯·弗里希走向蜜蜂们聚在一起生活的蜂巢。此时，蜂巢里的蜜蜂们非常忙碌。它们在不停地运送花粉和蜂蜜。看到这一幕，弗里希觉得很神奇："难道它们会告知同伴哪里有花蜜吗？"

弗里希好奇不已。

我猜得没错！第一只蜜蜂果
然带着伙伴们飞过来了。

　　弗里希认为第一个发现糖水的蜜蜂，肯定
会把这个消息告诉它的伙伴们。
　　只是，他不清楚蜜蜂是怎样把盘子的位置
告诉其他蜜蜂的。

3

"我很好奇它是怎么做到的？"

这次，他决定仔细观察一下蜂巢内部的情景。

弗里希与学生们一起，用透明的玻璃板堵住了蜂巢的一侧，然后静静地等待出去侦察的蜜蜂归来。

半晌，出去侦察的蜜蜂终于回来了。

其他蜜蜂伸出触角，舔了舔侦察蜂带回来的花粉和花蜜。

之后，侦察蜂开始在空中滴溜溜地转圈飞行，仿佛是在跳舞一样。

哈！看来那种舞蹈就是传递信息的暗号！

弗里希又观察了一遍旁边其他蜂巢里的蜜蜂。

可是那里的侦察蜂跳的舞蹈，居然跟之前那只跳得完全不一样。

因为这只蜜蜂是在画着 8 字轨迹飞行。

"奇怪，为什么它们的舞蹈动作会不同呢？"

弗里希对于蜜蜂跳不同舞蹈的原因，感到非常好奇。

它在跳圆圈舞。难道这是在告诉大家自己找到的是什么食物吗？

它跳的是8字形的舞蹈。

这里的蜜蜂跳的也是圆圈舞。这究竟是什么意思呢？

5

蜜蜂舞蹈的秘密

距离远一点儿也没关系啦！只要是好吃的花蜜就行！

告知距离

圆圈舞表示食物在100米以内的地方，而8字形舞蹈则表示食物在100米以外的地方。

圆圈舞

8字形舞蹈

喂！快跟我走吧！食物就在前面不远的地方。

宝贝，你要记住：飞舞的速度越慢，表示距离越远。

弗里希反复进行了数千次观察和实验。

最终，发现了其中的秘密。

原来侦察蜂的舞蹈，是用来告诉蜂巢与花蜜之间的距离和方向的。

另外，蜜蜂之所以进化出发达的"舞蹈语言"，是为了在蜂巢等黑暗的地方，也能更有效地传递信息。

告知方向

跳8字形舞蹈时，蜜蜂跳舞的方向就是花蜜所在的地方。这个方向与太阳的位置有关。

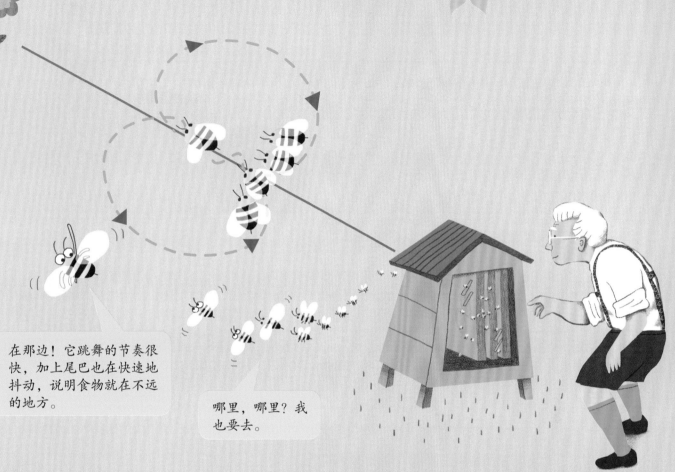

在那边！它跳舞的节奏很快，加上尾巴也在快速地抖动，说明食物就在不远的地方。

哪里，哪里？我也要去。

看似没有想法和感情的蜜蜂，竟然也有属于自己的语言。不得不说，这是一件非常令人震惊的事情。

就这样，蜜蜂们通过相互沟通，形成了侦察蜂、工蜂、女王蜂等一起生活的社会形态。

弗里希的发现，让众多科学家开始关注起动物语言来。

沟通

通过信号，相互传递各自的想法和意愿的方式，我们称为"沟通"。虽然人类可以用语言和行为进行沟通，但是动物却有所不同。它们通常会通过听觉、嗅觉、触觉、视觉等感觉器官来进行沟通。另外，动物之间的沟通内容都很简单，往往只有发出警告、寻找配偶等几种简单的作用。

听觉

狼会用叫声提醒成员不要掉队，或警告其他狼群不要靠近。

鲸鱼能发出20多种声音，从而告知伙伴猎物的种类和猎物逃跑的方向等信息。

能够听得见的声音强度（频率）

蛾子一般能够听到高达**24万Hz**的声音。

鲸鱼能够听到的声音强度为**150Hz~15万Hz**

人类能够听到的声音强度为**20Hz~2万Hz**

非洲象最低能够听到**8Hz**的声音。

Hz：赫兹，表示1秒钟内音波振动的次数。

鹿会留下带有气味的物质，告诉配偶到了繁殖期。

蚂蚁会发出一种气味信息素，从而为同伴指路，或者告知敌人入侵的信息。

老虎会留下粪便作为自己的领地标记，以免同类误闯自己的领地。

嗅觉

蟑螂会用触角确认对方是不是自己的族群。

触觉

雄孔雀会展开华丽的尾屏吸引雌孔雀。

丹顶鹤会通过跳舞来向异性求爱。

视觉

表达方式不同

　　人们是通过什么方式进行沟通的呢？主要是"言语"。不过，有时候，人们也会使用眼神或者肢体语言来表达自己的感情。言语和肢体语言是人们在漫长岁月里共同生活过程中形成的，我们可以将它们统称为"语言"。

　　生活在不同地区、形成不同文化的人们，不但会使用不同的语种，就连眼神和肢体语言也存在一定的差异。相信大家都经历过言语不通时的那种苦恼。同样，使用的肢体语言不一样，也会给人们的沟通带来很大的麻烦。例如，在中国、韩国等国家，把手指放在嘴上发出"嘘"的声音，是表示需要安静的意思。但是在美国，它却表示反对或揶揄的意思。听说在南非一部分地区，它还是一种称赞别人的动作。此外，在中国、韩国等国家，如果孩子长得可爱，大人们都喜欢摸一摸他们的脑袋，但是在泰国，这样的行为是绝对不可取的。因为泰国人认为自己的脑子里有佛陀的魂。就像这样，拥有不同文化的人，所表达的方式也不相同。

　　从现在开始，我们不应该因对方跟自己不同而感到奇怪，而是应该学会理解对方。就像在所有人的眼中，竖起大拇指就是表示"最棒"的意思一样，我们应该多找一找各个国家中使用含义相近的肢体语言。

许多国家使用的表示"最棒"的表达方式

劳伦兹老师，为什么灰雁会一直跟在您身后？

虽然在漫长的岁月里，科学家们一直都在观察动物，但始终没有人能弄清楚动物行为中隐藏的秘密。而我最好奇的是，动物的行为究竟是天生的本能，还是在成长过程中学习到的。于是，我便决定好好研究灰雁。

"走开，快给我走开！"

这天，劳伦兹夫人被家里的动物们气得大发雷霆。地毯，还有洗干净晾晒好的衣服，都被它们弄得一片狼藉。

"康拉德，再这样下去，我要被这些动物气死。"

"你就忍一忍吧。你看，鸽子受伤了，需要治疗；寒鸦失去了妈妈，需要人照顾；灰雁可是我们的家人呀！"

记得几天前，为了赶走弄脏羊毛地毯的灰雁，劳伦兹夫人拿着笤帚满屋子追着它跑。想起这些，劳伦兹感到一阵愧疚。

劳伦兹非常享受与动物们待在一起的时光。

小寒鸦在成长过程中展示出来的行为，给劳伦兹带来了快乐。

成为劳伦兹家人的寒鸦，白天在野外生活，而到了太阳下山时，它又会回到家中。

不知不觉间，寒鸦已经长大，到了寻找配偶的时期。

在劳伦兹眼中，送蛆给自己，以此来表达爱意的寒鸦，简直可爱极了！

虽然寒鸦向自己示爱的行为令劳伦兹感到无比开心，但这也引发了他的好奇心。他很好奇寒鸦为什么会把自己当成它的配偶。

"在野外寻找配偶，应该很容易才是啊……"

就在这时，德国科学家海因罗斯发表了一个非常有趣的故事。

据说，有个人曾照料过一只刚刚出生的灰雁一段时间，后来他发现这只灰雁再也无法融入灰雁群中。

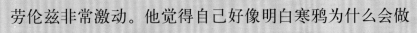

劳伦兹非常激动。他觉得自己好像明白寒鸦为什么会做出这种举动了。

寒鸦之所以把我当作它的配偶，是因为它从小就跟我一起生活。

而且，这只寒鸦没与其他寒鸦一起生活过，所以它把其他寒鸦当作了"陌生人"。

劳伦兹发现，动物会一直记住自己刚出生时的经历。劳伦兹把动物的这种行为，称为"印刻现象"。

但是劳伦兹又很好奇：

"为什么会出现印刻现象？

"所有动物都会出现印刻现象吗？

"印刻现象是什么时候，经过什么过程引发的呢？

"印刻现象对动物有什么益处呢？"

1937年，劳伦兹决定仔细研究灰雁。

4天 3天 2天 1天

5天

6天

7天

8天

9天

10天

第一群

1. 首先，他把刚出生1~10天的小灰雁，独自放入特殊制作的实验装置里。

到我这里来。

2. 实验装置的音响中不停地放出"到我这里来"的语音。在音响绕着实验装置转动期间，灰雁一直都在跟着声音转圈。

3. 实验结束后，他把灰雁分别养在不同的房间里。

第二群

1. 在实验装置的音响上贴上黄色的纸，不放声音，只让第二群灰雁面对黄色的纸。

2. 在音响绕着实验装置转圈期间，灰雁一直都在跟着黄色的纸转圈。实验结束后，他同样把灰雁养在不同的房间里。

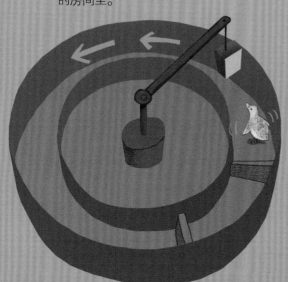

康拉德·劳伦兹实验室

两三个月后，两群灰雁都长得跟成年大雁一样大。

劳伦兹穿着黄色的雨靴，一边说着"过来，到我这里来"，一边向灰雁走过去。

猜一猜会发生什么样的事情？

过来，到我这里来。

很多只灰雁居然朝着劳伦兹走过来。

劳伦兹每走一步，灰雁们就屁颠屁颠地跟上去。

老师，灰雁们在跟着您走。

这是因为我的声音印刻在它们的脑子里了。

可是没听过您声音的灰雁也在跟着您走呀！

你仔细看一看，看看我的雨靴是什么颜色？

哈，原来它们是在跟着黄色雨靴走！

那里的灰雁怎么没有跟着老师您走？

那是因为它们没有被印刻到。只有出生三天之内的灰雁才会出现印刻现象。

通过实验，劳伦兹证明了刚刚出生的灰雁会学习见到的颜色或声音，那么即使长大了，它也依然会记得那种颜色和声音。

劳伦兹发现这种印刻现象，在鸭子、海鸥、大雁、鸡等鸟类身上最为常见。

"幼鸟只有尽快认清自己的妈妈，才能更好地生存下去。如果把其他鸟当成自己妈妈并跟过去，那它很有可能会被对方啄伤或啄死。"

他发现印刻现象能够提高动物的生存能力。

劳伦兹的研究结果彻底推翻了原本"动物的行为都是本能"的观点。

本能和学习

本能是指动物出生时就已具备的特殊行为。例如，小象吮吸妈妈乳汁的行为。学习是指动物通过学习或反复的练习掌握的行为。例如，说话的行为。印刻现象属于学习。

小象本能地知道该如何寻找妈妈的乳头并吃奶。

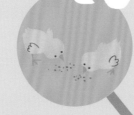

小鸡刚出生就知道啄食物吃。

本能行为

本能行为对于动物度过幼年时期和安全成长有着决定性影响。

蜘蛛的种类不同，织的网的形状也不相同。这是蜘蛛的本能。

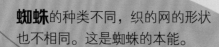

海鸥看到卵就会本能地想要孵卵，即使那不是自己的卵。

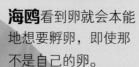

鲑鱼到了产卵时，就会游回自己出生时的水域。有的鲑鱼甚至要远游几千千米。

小狮子通过合作狩猎，学习狩猎的本领。

小狼通过相互打闹玩耍，学习社交。

学习行为

经过一段时间的群体生活，动物们会习得一些行为。

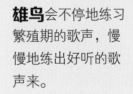

雄鸟会不停地练习繁殖期的歌声，慢慢地练出好听的歌声来。

幼儿识字也属于学习行为。

拯救濒危动物

在古代的传说故事中，人们常常把老虎和狐狸设为故事的主人公。因为以前人走在山路上，经常会遇到老虎和狐狸。于是，它们自然而然就成了故事的主人公。但是现在我们周边的山上再也见不到老虎和狐狸了，这是为什么呢？

因为随着人口增多，动物们的生存空间渐渐被人们夺走。而仅剩的那点儿自然环境也遭到人类的污染，这就使得动物们的生存变得越来越困难。

像这种因失去生存空间、数量渐渐变少的动物，我们称为濒危动物。

如今，全球已经开展相关的保护措施。比如，将一些稀有动物的幼崽放到动物园或保护设施中养大，然后重新放回自然。在韩国，这种工作被称作"复原事业"。如今，被列入复原名单里的主要有山羊、东北黑熊、狐狸、鹳等动物。

科学家们在饲养小动物时，为避免它们跟人亲近，或者对人产生印刻现象，有时候会带着动物模样的面具。这些小动物如果对人产生印刻现象，即使回到自然中去，也很难跟其他动物和谐相处。它们总想靠近人类，有可能因此受到伤害。希望复原事业能够顺利进行，我们的山上有越来越多的动物，打造出更健康的自然。

经过复原放回智异山的东北黑熊

珍妮·古道尔老师，听说黑猩猩能使用工具？

20 世纪 50 年代之前，人们以为懂得使用工具的只有人类，所以能否使用工具成为区分人类和动物的一个重要标准。不过，我在对黑猩猩进行研究时发现，动物们居然也懂得使用工具。

　　1960年，为了研究黑猩猩，英国动物学家珍妮·古道尔来到坦桑尼亚的贡贝黑猩猩保护区。

　　"明天终于可以见到黑猩猩了。"

　　然而，在马不停蹄地赶到黑猩猩森林后，古道尔却感到非常失望。

　　原本她以为到了森林，就能见到黑猩猩。可是她擦亮了眼睛也没找到一只黑猩猩。一连好几天，她都没能碰到黑猩猩，只能偶尔依稀听到从远处传来的黑猩猩的叫声。

　　直到有一天，她终于遇到了黑猩猩。

　　"你好，黑猩猩！"

　　可是，还未等古道尔打完招呼，黑猩猩就"嗖"的一声跑进森林里。

几天后，黑猩猩再次出现。它朝古道尔一行人扔树枝，还发出带有威胁的吼叫声。

古道尔希望黑猩猩能把自己当朋友，而不是敌人。

于是，她开始寻找化解黑猩猩敌意的方法，然后耐心地等待它主动靠近自己。

位于半山腰的无花果树林是黑猩猩们经常光顾的地方。

古道尔静静地等待黑猩猩主动接近自己。就这样过去了很多天。

古道尔一如既往地安静地坐在一旁看着黑猩猩们吃食物。而黑猩猩们也终于放下了对古道尔的警惕。

一天，一只黑猩猩来到了古道尔身旁。

你的下巴上长着一撮灰色的毛毛，看着就像灰色的胡须，不如就叫你"灰胡子大卫"吧，怎么样？

大卫！你胆子蛮大的嘛，居然敢跑到我的帐篷，朝我要香蕉了！

它好奇地望向古道尔。

"你好呀！原来你不怕我呀！"

"谢谢你，愿意主动接近我。"

黑猩猩们终于将古道尔当成自己的朋友。

古道尔在近处观察每一只黑猩猩，还为它们起了符合各自行为和性格的名字。

你的动作好霸气啊。加上你的体形也很大，我想"歌莉娅"这个名字应该很适合你。

这只容易害羞、心地善良的母猩猩，我就用姊姊的名字"奥莉"来称呼你吧。

芙洛，你的小宝贝就叫"菲菲"好了。

在当时，科学家们普遍认为给动物起名字是一种错误的研究方式。但是古道尔却认为，这是拉近自己和黑猩猩之间距离的一种好方法。

"你好，大卫！昨天睡得怎么样？"

大卫走过来，轻轻地用食指按了按古道尔的掌心。后来，古道尔才知道这是黑猩猩之间相互安慰对方的一种打招呼方式。

随着一起生活的时间越长，古道尔就越觉得黑猩猩和人类存在很多相似之处。

大卫在打完招呼后就立即爬到附近的树上，然后从树上折下一根细长的树枝，再爬下来。

像往常一样，古道尔静静地待在远处观察着大卫的一举一动。

大卫先是把树枝折成合适的长度，然后把树叶都摘掉了。

它小心翼翼地把树枝伸进一个小小的树洞里，然后静静地等待了一会儿。

等它拿出树枝时，上面已经爬满了大量的白蚁。

大卫伸出舌头将树枝上的白蚁舔得干干净净。

"大卫，原来你是在狩猎呀。"

古道尔发现了黑猩猩在狩猎食物时会使用工具。

更令人震惊的是，为了获得适合的狩猎工具，它特意挑选细长的树枝，还把上面的树叶全部摘除干净。

之后，大卫还把狩猎白蚁的方法教给其他的小黑猩猩。

古道尔的这一发现，颠覆了当时只有人类才会使用工具的观点。

古道尔已经与黑猩猩们一起在树林里生活五十年了。

在这段时期，她把自己多年来在近处观察到的黑猩猩的行为一一记录在本子上，然后将内容公诸于世。

猩猩观察日志

各种道具的使用方法

用卷成圆筒状的树叶舀水喝。　　用细长的树枝狩猎白蚁。

群居生活方式

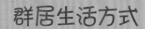

无条件听从首领的命令。

在六十多年的漫长岁月里，组成一个个家庭一起生活。

在研究黑猩猩时，古道尔意识到生存环境的重要性。

因为她亲眼目睹了，随着环境被破坏黑猩猩们的生存空间渐渐缩小的场景。

在研究动物的过程中，只要一有空闲，古道尔就会到世界各地向人们宣传保护环境的重要性。

用石头敲碎坚果，食用果仁。

嚼烂树叶后，放进树洞里再拿出来，吸吮树叶上沾到的树液。

各种不同叫声代表的含义

遇到可怕的对手时发出的声音。

哇啊哈

额呵，额呵

发现食物时发出的声音。

服从命令时发出的声音。

哼哧哼哧

使用工具

在做某件事情时，我们经常会用到自己身体之外的其他东西。例如，吃饭时，我们会使用勺子。这样的行为，我们叫作"使用工具"。以前，大家都认为只有人类才会使用工具。但是各种研究资料表明，包括黑猩猩在内的一些动物也懂得使用各种工具。

埃及兀鹫（jiù）能用喙衔住石头，砸碎或敲碎鸵鸟蛋。

海獭（tǎ）会把蛤蜊（gé lí）放在肚子上，再用石头打碎它。

石头

刺

鴷（liè）形树雀能摘下仙人掌的刺，用来狩猎昆虫。

红毛猩猩会用嘴巴嚼烂树枝的一端，再将它塞进树洞里。因为嚼烂的树枝能够蘸到更多甜美的树液。

新喀鸦会把树枝弯成钩状，再利用它勾出藏在树干里的食物。

树枝

树叶

卷尾猴在小猴子伤到头部时，会把树叶当作绷带进行治疗。

蓝背夜鹭会把树叶放在平静的水面上弄出涟漪。鱼看到涟漪后，以为有食物掉进水中便游过来。这时，蓝背夜鹭就会闪电般出击，将它们捕食。

动物园的由来

　　1752年，奥地利皇帝弗朗茨一世为女王玛利亚·特蕾莎建造了一座动物园。当时，王公贵族之间非常流行捕捉珍奇动物圈养在宽敞的房子里。据说，当时奥地利女王时常一边观看动物园里的骆驼或狮子，一边享用早餐。它就是世界上最早的现代式动物园——美泉宫动物园。后来，动物园还对普通人开放，让大家得以欣赏到各种珍奇动物。

　　1828年，对普通人开放的动物园正式开业。这座动物园位于英国伦敦摄政公园内。最初的时候，只有动物学会的会员和一些受到邀请的人才能进入那里。不过十年后，这种规矩就被废除了，任何人都能进去观看动物了。伦敦市民们很喜欢这个动物园，每天都人山人海，这座动物园在当时被评为伦敦人气最高的郊游场所。表示动物园的英文单词"zoo"也是始于这座动物园的名称。

　　从那以后，世界上陆续出现了很多动物园。只是随着动物园的增多，动物们遭受的痛苦却越来越大。它们被关在用铁栅栏和混凝土墙制作而成的房间里，供人们观赏。现在，我们必须要把伤害动物的动物园改成保护动物的动物园。

描绘伦敦摄政公园
动物园的油画

人们究竟了解多少动物的行为？

到了繁殖期，非洲母象会发出一种低频叫声。这种声音人类无法听到，数百千米以外的公象却能听到。以前，人们只能通过长时间的观察才能研究动物行为，但是随着科学技术的发展，人们将发现更多动物行为的秘密。

約1923年

蜜蜂的沟通研究

1900年左右

发现条件反射

巴甫洛夫每次给狗喂食时都会发出信号，后来只要一听到信号，狗就会流口水。这种现象就是条件反射。

弗里希对蜜蜂进行了长达六十多年的研究，发现了蜜蜂的舞蹈可以告知同伴食物的方向和距离。

1937年

灰雁印刻实验

劳伦兹发现刚出生1~3天的灰雁会出现印刻现象，这个时期被称为"敏感期"。

 标记的部分是正文中出现的内容。

20世纪50年代

对蚂蚁的社会性研究

威尔逊对蚂蚁进行研究，发现蚂蚁是一种与人类一样拥有社会行为的动物。

1960年开始

对黑猩猩的研究

古道尔与黑猩猩一起生活了很长一段时间。他发现黑猩猩是一种懂得使用工具的动物。

现在

随着科学技术的发展，人们发现大山雀发出的警告声是一种它的天敌雀鹰听不见的声音。科学家们不仅会探索各种动物行为的秘密，还会研究人类自己的行为。例如，他们发现婴儿的哭泣是一种保护自己的行为。相信在未来，科学家们会通过研究遗传因子，解开更多生物的秘密。

图字：01-2019-6047

图书在版编目（CIP）数据

动物行为的故事／（韩）黄宝妍文；（韩）朴载贤绘；千太阳译 . —北京：东方出版社，2020.7
（哇，科学有故事！第一辑，生命·地球·宇宙）
ISBN 978-7-5207-1481-5

Ⅰ.①动… Ⅱ.①黄… ②朴… ③千… Ⅲ.①动物行为—青少年读物 Ⅳ.① B843.2

中国版本图书馆 CIP 数据核字（2020）第 038678 号

哇，科学有故事！生命篇·动物行为的故事
（WA，KEXUE YOU GUSHI! SHENGMINGPIAN·DONGWU XINGWEI DE GUSHI）

作　　者：［韩］黄宝妍／文　［韩］朴载贤／绘
译　　者：千太阳

策划编辑：鲁艳芳　杨朝霞
责任编辑：杨朝霞　金　琪
出　　版：东方出版社
发　　行：人民东方出版传媒有限公司
地　　址：北京市西城区北三环中路6号
邮　　编：100120
印　　刷：北京彩和坊印刷有限公司
版　　次：2020年7月第1版
印　　次：2020年7月北京第1次印刷　2021年9月北京第4次印刷
开　　本：820毫米×950毫米　1/12
印　　张：4
字　　数：20千字
书　　号：ISBN 978-7-5207-1481-5
定　　价：398.00元（全14册）
发行电话：（010）85924663　85924644　85924641

✍ 文字 〔韩〕黄宝妍

1970年出生于首尔，获得庆熙大学鸟类学和动物行为学的博士学位。目前在公园管理局研究自然生态，同时也是一位儿童科普图书作家。

主要作品有《我们森林里的啄木鸟》《有趣的动物故事》《小小的种子长大了》《森林里的动物消失了》《通过栩栩如生的照片邂逅动物百科》《我是生态界的清洁工》等众多儿童科普图书。

🎨 插图 〔韩〕朴载贤

毕业于视觉设计专业，毕业后成为一名平面设计师。现在的工作主要是给儿童图书画插图。主要作品有《一颠一颠，蔬菜学校》《早知道就教图巴鲁游泳啦！》《玲玲讨厌沙尘暴》《思想活跃的汉字》《只涂黑色的孩子》《弯弯曲曲，细菌大王，微生物守护地球》《为什么没有第0名呢？》等。

哇，科学有故事！（全33册）

扫一扫
看视频，学科学